中华人民共和国水利部　发布

小型农田水利工程维修养护定额
（试行）

中国水利水电出版社
www.waterpub.com.cn

图书在版编目（CIP）数据

小型农田水利工程维修养护定额：试行/中华人民
共和国水利部发布. —北京：中国水利水电出版社，
2015.9（2015.11重印）
ISBN 978 - 7 - 5170 - 3638 - 8

Ⅰ.①小… Ⅱ.①中… Ⅲ.①农田水利-水利工程-
维修-定额管理 Ⅳ.①S27

中国版本图书馆 CIP 数据核字（2015）第 214588 号

书　　　名	**小型农田水利工程维修养护定额（试行）**	
作　　　者	中华人民共和国水利部　发布	
出版发行	中国水利水电出版社	
	（北京市海淀区玉渊潭南路 1 号 D 座　　100038）	
	网址：www. waterpub. com. cn	
	E-mail：sales @ waterpub. com. cn	
	电话：（010）68367658（发行部）	
经　　　售	北京科水图书销售中心（零售）	
	电话：（010）88383994、63202643、68545874	
	全国各地新华书店和相关出版物销售网点	
排　　　版	中国水利水电出版社微机排版中心	
印　　　刷	北京瑞斯通印务发展有限公司	
规　　　格	140mm×203mm　32 开本　1.375 印张　23 千字	
版　　　次	2015 年 9 月第 1 版　2015 年 11 月第 3 次印刷	
印　　　数	6001—9000 册	
定　　　价	**18.00 元**	

凡购买我社图书，如有缺页、倒页、脱页的，本社发行部负责调换

水利部关于发布《小型农田水利工程维修养护定额（试行）》的通知

水总〔2015〕315号

部直属各单位，各省、自治区、直辖市水利（水务）厅（局），各计划单列市水利（水务）局，新疆生产建设兵团水利局：

2004年，水利部和财政部联合发布了《水利工程维修养护定额标准（试点）》，为落实水利工程维修养护经费发挥了重要作用。为了进一步完善水利工程维修养护定额体系，规范小型农田水利工程维修养护经费需求测算和预算编制，促进维修养护经费足额落实，我部组织编制了《小型农田水利工程维修养护定额（试行）》作为《水利工程维修养护定额标准（试点）》的补充，一并使用。经审查批准，现予以发布，自发布之日起试行。

在试行过程中如有问题请及时函告水利部水利建设经济定额站和水利部财务司。

附件：《小型农田水利工程维修养护定额（试行）》

水利部
2015年7月31日

主持单位　水利部财务司
主编单位　中国灌溉排水发展中心
审查单位　水利部水利建设经济定额站
主　　编　吴文庆　高　军　李仰斌
副 主 编　李　琪　邓少波　郑红星
编　　写　（按姓氏笔画排序）

王会景　文爱民　朱昌举　刘春华
刘婉迪　许建中　李　娜　李全盈
李保元　李铁男　李端明　李燕妮
吴国燕　陈艺伟　陈华堂　陈文志
周维伟　荣　光　徐成波　黄森开
温立平　蔡　泓

目　录

1 总 则

1.0.1 为科学合理地确定小型农田水利工程维修养护经费，提高小型农田水利工程维修养护资金的使用效益，增强小型农田水利工程维修养护管理的科学性、针对性、精准性，结合小型农田水利工程维修养护工作实际，制定小型农田水利工程维修养护定额（以下简称本定额）。

1.0.2 本定额适用于已竣工验收并交付使用的灌区及高效节水灌溉工程等小型农田水利工程的年度常规维修养护（以下简称小型农田水利工程维修养护）经费预算的编制和核定，不包含管理组织人员经费和公用经费。小型农田水利工程扩建、续建、改造、因自然灾害损毁修复和抢险所需的费用，以及其他专项费用，不包括在本定额之内。

1.0.3 小型农田水利工程维修养护是指为保持工程原设计功能、规模和标准而每年开展的工程日常维护、局部整修和岁修。

1.0.4 小型农田水利工程维修养护预算编制和核定，

应严格执行国家财政预算政策和有关规定，按小型农田水利工程维修养护内容，完善和细化预算定额及项目工程量，做到科学合理，操作规范，讲求实效。

1.0.5 小型农田水利工程维修养护费用由工程费和综合管理费组成。工程费由直接费、间接费、利润及税金构成，直接费包括基本直接费（含人工费、材料费、施工机械使用费）和其他直接费；间接费包括规费和企业管理费。综合管理费按工程费的 3‰～5‰ 计取，主要用于维修养护项目的前期及管理工作。

2 小型农田水利工程维修养护分类分区

2.1 小型农田水利工程维修养护分类

2.1.1 小型农田水利工程维修养护分为自流灌区工程维修养护、提水灌区工程维修养护、井灌区工程维修养护和高效节水灌溉工程维修养护等四类。

2.1.2 自流灌区工程维修养护项目包括水源工程维修养护、输配水工程维修养护和排水工程维修养护。

1 水源工程主要包括水闸、水库、滚水坝、塘坝、窖池（蓄水池）等工程，本定额含小（2）型水库工程（10 万 $m^3 \leqslant V <$ 100 万 m^3）、塘坝工程（0.05 万 $m^3 \leqslant V$ $<$ 10 万 m^3）、窖池（蓄水池）工程（$10m^3 \leqslant V <$ $500m^3$）的维修养护；水闸工程、小（1）型及以上水库工程、滚水坝工程的维修养护按《水利工程维修养护定额标准（试点）》（2004 年，水利部、财政部）的规定执行。

2 输配水工程主要包括骨干渠道及建筑物、农田渠系等工程，本定额含设计流量小于 $1m^3/s$ 的农田渠系工程的维修养护；设计流量不小于 $1\mathrm{m}^3/\mathrm{s}$ 的骨干渠道及建筑物工程的维修养护按《水利工程维修养护定额标准（试点）》（2004 年，水利部、财政部）的规定执行。

3 排水工程包括骨干排水及建筑物、农田排水等工程，本定额含设计流量小于 $1\mathrm{m}^3/\mathrm{s}$ 的农田排水工程的维修养护；设计流量不小于 $1\mathrm{m}^3/\mathrm{s}$ 的骨干排水及建筑物工程的维修养护按《水利工程维修养护定额标准（试点）》（2004 年，水利部、财政部）的规定执行。

2.1.3 提水灌区工程维修养护项目包括水源工程维修养护、输配水工程维修养护和排水工程维修养护。

1 水源工程主要包括泵站、水库、塘坝、窖池（蓄水池）等工程，本定额含小（2）型水库工程（10 万 $\mathrm{m}^3 \leqslant V < 100$ 万 m^3）、塘坝工程（0.05 万 $\mathrm{m}^3 \leqslant V < 10$ 万 m^3）、窖池（蓄水池）工程（$10\mathrm{m}^3 \leqslant V < 500\mathrm{m}^3$）的维修养护；泵站工程、小（1）型及以上水库工程的维修养护按《水利工程维修养护定额标准（试点）》（2004 年，水利部、财政部）的规定执行。

2 输配水工程主要包括骨干渠道及建筑物、农田渠系等工程，本定额含设计流量小于 $1\mathrm{m}^3/\mathrm{s}$ 的农田渠系工程的维修养护；设计流量不小于 $1\mathrm{m}^3/\mathrm{s}$ 的骨干渠道及建筑物工程的维修养护按《水利工程维修养护定额标准（试点）》（2004年，水利部、财政部）的规定执行。

3 排水工程包括骨干排水及建筑物、农田排水等工程，本定额含设计流量小于$1m^3/s$的农田排水工程的维修养护；设计流量不小于$1m^3/s$的骨干排水及建筑物工程的维修养护按《水利工程维修养护定额标准（试点）》（2004年，水利部、财政部）的规定执行。

2.1.4 井灌区工程维修养护项目包括机井工程维修养护、农田渠系（管）工程维修养护和排水工程维修养护。

2.1.5 高效节水灌溉工程维修养护项目包括管道灌溉工程维修养护、喷灌工程维修养护和微灌工程维修养护。

2.2 小型农田水利工程维修养护分区

2.2.1 根据降水特征、地理位置、作物种植结构、经济基础等条件，对小型农田水利工程维修养护定额分区调整，分为东北地区、黄淮海地区、长江中下游地区、华南沿海地区、西南地区和西北地区，各区包含的省（自治区、直辖市）按表2.2.1的规定执行。

表 2.2.1　小型农田水利工程维修养护分区

序号	分　区	省（自治区、直辖市）
1	东北地区	辽宁、吉林、黑龙江、内蒙古
2	黄淮海地区	北京、天津、河北、山西、山东、河南、安徽
3	长江中下游地区	上海、江苏、浙江、江西、湖北、湖南
4	华南沿海地区	福建、广东、广西、海南
5	西南地区	重庆、四川、贵州、云南、西藏
6	西北地区	陕西、甘肃、青海、宁夏、新疆

2.2.2　对分属不同分区的自流灌区、提水灌区、井灌区和高效节水灌溉工程维修养护定额标准，根据各区地形地貌、气候条件、社会经济水平及小型农田水利工程结构型式等因素综合确定调整系数，可按表 2.2.2 执行。

表 2.2.2　各分区小型农田水利工程维修养护
定额标准调整系数表

序号	分　区	调　整　系　数					
		自流灌区	提水灌区	井灌区	高效节水灌溉工程		
					管道灌溉	喷灌	微灌
1	东北地区	1.05	1.05	1.0	1.0	0.95	1.05
2	黄淮海地区	1	1	1	1	1	1
3	长江中下游地区	1.05	0.95	0.9	0.95	1.05	1.0
4	华南沿海地区	1.05	0.95	0.9	0.95	1.0	1.0
5	西南地区	1.1	1.05	1.0	1.1	1.05	1.0
6	西北地区	1.05	1.1	1.0	1.0	1.0	1.1

3 自流灌区工程维修养护定额标准

3.1 水源工程维修养护项目

3.1.1 小（2）型水库工程维修养护项目包括坝体维修养护、输水涵管维修养护、泄水建筑物维修养护、附属设施维修养护和清淤等。

3.1.2 塘坝工程维修养护项目包括坝体维修养护、输水涵管维修养护、泄水建筑物维修养护、附属设施维修养护和清淤等。

3.1.3 窖池工程维修养护项目包括主体工程维修养护、集流工程维修养护、附属设施维修养护和清淤等。蓄水池工程维修养护可参照窖池工程执行。

3.2 农田渠系工程维修养护项目

3.2.1 农田渠系工程维修养护项目包括渠道工程维修养护、渡槽工程维修养护、倒虹吸工程维修养护和涵（隧）洞工程维修养护等。

3.2.2 渠道工程维修养护项目包括渠顶维修养护、渠坡维修养护、渠道防渗体维修养护、附属设施维修养护、安全防护设施及标志牌维修养护、生产交通桥维修养护、交叉涵管维修养护、量水设施维修养护、分水节制闸门维修养护、渠道清淤和自动化控制设施维修养护等。

3.2.3 渡槽工程维修养护项目包括主体建筑物维修养护、附属设施维修养护和清淤等。

3.2.4 倒虹吸工程维修养护项目包括主体建筑物维修养护、附属设施维修养护和清淤等。

3.2.5 涵（隧）洞工程维修养护项目包括主体建筑物维修养护、附属设施维修养护和清淤等。

3.3 农田排水工程维修养护项目

3.3.1 农田排水工程维修养护项目包括沟渠土方养护、沟渠清淤清障、防护设施及安全标识维修养护和交叉建筑物维修养护等。

3.3.2 沟渠土方养护项目包括沟渠顶土方养护和沟渠坡土方养护；沟渠清淤清障包括清淤、除草和清障。

3.4 自流灌区维修养护定额标准

3.4.1 自流灌区维修养护等级按控制灌溉面积分为六

级，具体划分按表 3.4.1 的规定执行。

表 3.4.1　自流灌区维修养护等级划分表

维修养护等级	一	二	三	四	五	六
灌溉面积 A /万亩	$A \geqslant 300$	$300 > A \geqslant 100$	$100 > A \geqslant 30$	$30 > A \geqslant 5$	$5 > A \geqslant 1$	$A < 1$

3.4.2　自流灌区维修养护项目包括 3.1～3.3 规定的全部维修养护项目。

3.4.3　自流灌区维修养护定额标准按表 3.4.3 的规定执行。

表 3.4.3　自流灌区维修养护定额标准表

单位：万元/（万亩·年）

维修养护等级	一	二	三	四	五	六
分级定额标准	18.96	19.36	20.43	22.36	25.85	30.11

4 提水灌区工程维修养护定额标准

4.1 水源工程维修养护项目

4.1.1 小（2）型水库工程维修养护项目包括坝体维修养护、放水设施维修养护、泄水建筑物维修养护、附属设施维修养护和清淤等。

4.1.2 塘坝工程维修养护项目包括坝体维修养护、输水涵管维修养护、泄水建筑物维修养护、附属设施维修养护和清淤等。

4.1.3 窖池工程维修养护项目包括主体工程维修养护、集流工程维修养护、附属设施维修养护和清淤等。蓄水池工程维修养护可参照窖池工程执行。

4.2 农田渠系工程维修养护项目

4.2.1 农田渠系工程维修养护项目包括渠道工程维修养护、渡槽工程维修养护、倒虹吸工程维修养护、涵（隧）洞工程维修养护等。

10

4.2.2 渠道工程维修养护项目包括渠顶维修养护、渠坡维修养护、渠道防渗体维修养护、附属设施维修养护、安全防护设施及标志牌维修养护、生产交通桥维修养护、交叉涵管维修养护、量水设施维修养护、分水节制闸门维修养护、渠道清淤和自动化控制设施维修养护等。

4.2.3 渡槽工程维修养护项目包括主体建筑物维修养护、附属设施维修养护和清淤等。

4.2.4 倒虹吸工程维修养护项目包括主体建筑物维修养护、附属设施维修养护和清淤等。

4.2.5 涵（隧）洞工程维修养护项目包括主体建筑物维修养护、附属设施维修养护和清淤等。

4.3 农田排水工程维修养护项目

4.3.1 农田排水工程维修养护项目包括沟渠土方养护、沟渠清淤清障、防护设施及安全标识维修养护和交叉建筑物维修养护等。

4.3.2 沟渠土方养护项目包括沟渠顶土方养护和沟渠坡土方养护；沟渠清淤清障包括清淤、除草和清障。

4.4 提水灌区维修养护定额标准

4.4.1 提水灌区维修养护等级按控制灌溉面积分为六

11

级，具体划分按表 4.4.1 的规定执行。

表 4.4.1　提水灌区维修养护等级划分表

维修养护等级	一	二	三	四	五	六
灌溉面积 A /万亩	$A \geqslant 100$	$100 > A \geqslant 30$	$30 > A \geqslant 5$	$5 > A \geqslant 1$	$1 > A \geqslant 0.5$	$A < 0.5$

4.4.2　提水灌区维修养护项目包括 4.1～4.3 规定的全部维修养护项目。

4.4.3　提水灌区维修养护定额标准按表 4.4.3 的规定执行。

表 4.4.3　提水灌区维修养护定额标准表

单位：万元/（万亩·年）

维修养护等级	一	二	三	四	五	六
分级定额标准	18.44	18.55	18.72	19.06	21.98	23.40

5 井灌区工程维修养护定额标准

5.1 机井工程维修养护项目

5.1.1 机井工程维修养护项目包括井口建筑物维修养护、井体维修养护、机电设备维修养护和洗井清淤等。

5.1.2 井口建筑物维修养护项目包括井房维修养护、井台维修养护和防护设施维修养护等。

5.1.3 井体维修养护项目包括井管维修养护、井筒维修养护和辐射管维修养护等。辐射管维修养护包括清洗和更换等。

5.1.4 机电设备维修养护项目包括机组维修养护、配电设备及线路维修养护、泵管维修养护和配件更换等。机组包括水泵、电机及其电缆线。

5.1.5 洗井清淤包括管井洗井清淤、大口井清淤和辐射井清淤。

5.2 农田渠（管）系工程维修养护项目

5.2.1 农田渠系工程维修养护项目包括渠道工程维修养护、渡槽工程维修养护和倒虹吸工程维修养护等。农田管系工程维修养护项目按本定额 6.1.3 和 6.1.4 的规定执行。

5.2.2 渠道工程维修养护项目包括渠顶维修养护、渠坡维修养护、渠道防渗体维修养护、附属设施维修养护、安全防护设施及标志牌维修养护、生产交通桥维修养护、交叉涵管维修养护、量水设施维修养护、分水节制闸门维修养护、渠道清淤和自动化控制设施维修养护等。

5.2.3 渡槽工程维修养护项目包括主体建筑物维修养护、附属设施维修养护和清淤等。

5.2.4 倒虹吸工程维修养护项目包括主体建筑物维修养护、附属设施维修养护和清淤等。

5.3 农田排水工程维修养护项目

5.3.1 农田排水工程维修养护项目包括沟渠土方养护、沟渠清淤清障、防护设施及安全标识维修养护和交叉建筑物维修养护等。

5.3.2 沟渠土方养护项目包括沟渠顶土方养护和沟渠坡土方养护；沟渠清淤清障包括清淤、除草和清障。

5.4 井灌区维修养护定额标准

5.4.1 井灌区维修养护等级按单井控制灌溉面积分为三级，具体划分标准按表5.4.1的规定执行。

表5.4.1 井灌区维修养护等级划分表

维修养护等级	一	二	三
灌溉面积 A/亩	$A \geqslant 400$	$400 > A \geqslant 200$	$A < 200$

5.4.2 井灌区维修养护项目包括5.1～5.3规定的全部维修养护项目。

5.4.3 井灌区维修养护定额标准按表5.4.3的规定执行。

表5.4.3 井灌区维修养护定额标准表

单位：万元/（万亩·年）

维修养护等级	一	二	三
分级定额标准	16.73	19.03	30.42

6 高效节水灌溉工程维修
养护定额标准

6.1 管道灌溉工程维修养护定额标准

6.1.1 管道灌溉工程维修养护项目包括水源工程维修养护、输水管道及建筑物工程维修养护及田间管道工程维修养护。

6.1.2 水源工程维修养护项目按本定额 3.1 和 5.1 的相关规定执行。

6.1.3 输水管道及建筑物工程维修养护项目包括塑料管道工程、混凝土管道工程及钢管道工程维修养护。玻璃钢管道工程维修养护项目，可参照塑料管道工程维修养护项目。

 1 塑料管道工程维修养护项目包括管道土方、管道（含管件）更换、泄水井及检修井维修养护等。

 2 混凝土管道工程维修养护项目包括管道土方、管道（含管件）更换、管道漏水修补、出水口维护、沉砂池维护、泄水井及检修井维修养护、管道清淤及沉砂池清淤。

    3 钢管道工程维修养护项目包括管道土方、管道（含管件）维修、泄水井及检修井维修养护。

6.1.4 田间管道工程维修养护项目包括管道土方、管道（含管件）更换、出水口维修养护、泄水井及检修井维修养护等。

6.1.5 管道灌溉工程维修养护定额标准按表 6.1.5 的规定执行。

表 6.1.5 管道灌溉工程维修养护定额标准表

单位：万元/（万亩·年）

工程类型	管道灌溉工程
定额标准	28.20

6.2 喷灌工程维修养护定额标准

6.2.1 喷灌工程维修养护项目包括水源工程维修养护和田间喷灌工程维修养护。

6.2.2 水源工程为窖池（蓄水池）工程时，其维修养护项目按本定额 3.1.3 的规定执行；水源工程为机井工程时，其维修养护项目按本定额 5.1 的规定执行。

6.2.3 田间喷灌工程维修养护项目分为管道式和机组

式两类。管道式喷灌系统又分为固定管道式、半固定管道式和移动管道式；机组式喷灌系统又分为中心支轴式、平移式、滚移式、绞盘式和轻小型机组式等。

    1 管道式喷灌工程维修养护项目包括首部枢纽、喷灌设施（包括喷灌管道系统与喷头组）及附属设施等维修养护；喷灌设施主要有涂塑软管移动管道式、铝合金管移动管道式和塑料管固定管道式等。

    2 机组式喷灌工程维修养护项目包括首部枢纽、输水管道、喷灌机及附属设施等维修养护；喷灌机维修养护主要有中心支轴式喷灌机、平移式喷灌机、滚移式喷灌机、绞盘式喷灌机和轻小型机组式喷灌机等维修养护。

6.2.4 喷灌工程维修养护定额标准按表 6.2.4 的规定执行。

表 6.2.4 喷灌工程维修养护定额标准表

单位：万元/（万亩·年）

工程类型	喷灌工程
定额标准	25.39

6.3 微灌工程维修养护定额标准

6.3.1 微灌工程维修养护项目包括水源工程维修养护

和田间微灌工程维修养护。

6.3.2　水源工程为窖池（蓄水池）工程时，其维修养护项目按本定额 3.1.3 的规定执行；水源工程为机井工程时，其维修养护项目按本定额 5.1 的规定执行。

6.3.3　田间微灌工程维修养护项目包括首部枢纽、输配水管网和灌水器等维修养护；灌水器维修养护主要有滴灌带、滴灌管、喷水带、微喷头组、涌泉灌水器等维修养护。

6.3.4　微灌工程维修养护定额标准按表 6.3.4 的规定执行。

表 6.3.4　微灌工程维修养护定额标准表

单位：万元/（万亩・年）

工程类型	微灌工程
定额标准	34.40

中华人民共和国水利部

小型农田水利工程维修养护定额（试行）

使 用 说 明

一、说　　明

1.《小型农田水利工程维修养护定额（试行）》（以下简称本定额）是小型农田水利工程维修养护经费计算标准。适用于已竣工验收并交付使用的灌区及高效节水灌溉工程等小型农田水利工程的年度常规维修养护（以下简称小型农田水利工程维修养护）经费预算的编制和核定，不包含管理组织人员经费和公用经费。农田水利工程扩建、续建、改造、因自然灾害损毁修复和抢险所需的费用，以及其他专项费用，不包括在本定额之内。

2. 本定额分总则，小型农田水利工程维修养护分类分区，自流灌区工程维修养护定额标准，提水灌区工程维修养护定额标准，井灌区工程维修养护定额标准，高效节水灌溉工程维修养护定额标准共 6 章。

3. 本定额根据灌区首部水源形式，将灌区具体划分为自流灌区、提水灌区和井灌区。当一个灌区存在多种水源形式时，按主导水源形式进行灌区分类。高效节水灌溉工程根据田间灌溉系统的形式，分为管道灌溉工程、喷灌工程和微灌工程。

4. 本定额是小型农田水利工程维修养护资金测算、分配、使用和管理的依据。项目管理单位应按不同灌溉类型，逐项分别测算汇总编制维修养护经费预算。县级区域小型农田水利工程维修养护经费预算由区域内各管理单位维修养护经费预算组成，并依本定额测算审核。省级区域的小型农田水利工程维修养护经费预算是在县级区域小型农田水利工程维修养护经费预算的基础上累加得到的。使用本定额时，应严格按总则规定的有关原则、适用范围和相关要求执行。

5. 本定额是小型农田水利工程维修养护经费综合定额。即自流灌区、提水灌区、井灌区和高效节水灌溉工程维修养护经费按其灌溉面积综合计算，包含农田水利工程中的小（2）型水库工程（10 万 $m^3 \leqslant V < 100$ 万 m^3）、塘坝工程（0.05 万 $m^3 \leqslant V < 10$ 万 m^3）、窖池（蓄水池）工程（$10m^3 \leqslant V < 500m^3$）、机井工程、设计流量小于 $1m^3/s$ 的农田渠系工程、设计流量小于 $1m^3/s$ 的农田排水工程以及管道灌溉工程、喷灌工程和微灌工程的年均维修养护经费，上述单项工程维修养护经费不再进行单项计算。

农田水利工程中的水闸工程、泵站工程、小（1）型及以上水库工程、滚水坝工程、设计流量不小于 $1m^3/s$ 的骨干渠道及建筑物工程、设计流量不小于 $1m^3/s$ 的骨干排水及建筑物工程的维修养护经费，按《水利工程维修养护定额标准（试点）》（2004 年，水利部、财政部）的规定，另行测算其维修养护经费。

6. 本定额将全国划分为东北地区、黄淮海地区、长江中下游地区、华南沿海地区、西南地区和西北地区等6个分区。以黄淮海地区为计算基准，考虑各地地形、气候、社会经济发展水平及农田水利工程结构形式等因素，对不同类型灌区和高效节水灌溉工程维修养护经费，分地区设置了调整系数。

7. 本定额将灌区工程维修养护按灌溉面积划分了不同等级，不同维修养护等级的灌区工程维修养护经费应依据灌区规模选取相应的分级定额标准。

8. 本定额的"工作内容"仅扼要说明自流灌区、提水灌区、井灌区和高效节水灌溉工程维修养护的主要施工过程及主要工序，次要施工过程及工序和必要的辅助工作，虽未逐项列出，但已包括在定额内。

二、定额的使用方法

本定额依据小型农田水利工程维修养护的特点编制。使用本定额时，按照下列程序计算小型农田水利工程维修养护经费。

1. 统计小型农田水利工程灌溉面积

以县级区域为单元，按本定额规定的灌区和高效节水灌溉工程类型，分别统计不同维修养护等级（本定额表3.4.1、表4.4.1、表5.4.1）的自流灌区、提水灌区、井灌区面积和管道灌溉工程、喷灌工程、微灌工程面积。自流灌区、提水灌区、井灌区面积中包含管道灌溉工程、喷灌工程、微灌工程面积的，其维修养护等级按包含管道灌溉工程、喷灌工程、微灌工程面积的规模确定，但计算其维修养护年均经费时，应按扣除管道灌溉工程、喷灌工程、微灌工程面积后的面积计算。县级区域小型农田水利工程灌溉面积可参照附表1统计。

2. 计算不同维修养护等级的自流灌区、提水灌区、井灌区和高效节水灌溉工程维修养护年均经费

（1）查本定额表3.4.3、表4.4.3、表5.4.3、表6.1.5、表6.2.4、表6.3.4，分别得到不同维修养护等级的自流灌区、提水灌区、井灌区和管道灌溉工程、喷

灌工程、微灌工程维修养护定额标准。

附表 1　县级区域小型农田水利工程灌溉面积统计表

单位：万亩

分类	分级	工程名称	灌溉面积	合计
自流灌区	一级（$A{\geqslant}300$）	×××灌区 ······		$A_{自1}$
	二级（$300{>}A{\geqslant}100$）	×××灌区 ······		$A_{自2}$
	三级（$100{>}A{\geqslant}30$）	×××灌区 ······		$A_{自3}$
	四级（$30{>}A{\geqslant}5$）	×××灌区 ······		$A_{自4}$
	五级（$5{>}A{\geqslant}1$）	×××灌区 ······		$A_{自5}$
	六级（$A{<}1$）	×××灌区 ······		$A_{自6}$
提水灌区	一级（$A{\geqslant}100$）	×××灌区 ······		$A_{提1}$
	二级（$100{>}A{\geqslant}30$）	×××灌区 ······		$A_{提2}$
	三级（$30{>}A{\geqslant}5$）	×××灌区 ······		$A_{提3}$
	四级（$5{>}A{\geqslant}1$）	×××灌区 ······		$A_{提4}$
	五级（$1{>}A{\geqslant}0.5$）	×××灌区 ······		$A_{提5}$
	六级（$A{<}0.5$）	×××灌区 ······		$A_{提6}$

分类	分级	工程名称	灌溉面积	合计
井灌区	一级（$A \geq 0.04$）	×××井灌区		$A_{井1}$
		×××井灌区		
		……		
	二级（$0.04 > A \geq 0.02$）	×××井灌区		$A_{井2}$
		×××井灌区		
		……		
	三级（$A < 0.02$）	×××井灌区		$A_{井3}$
		×××井灌区		
		……		
高效节水灌溉工程	管道灌溉工程	×××管道灌溉工程		$A_{管}$
		×××管道灌溉工程		
		……		
	喷灌工程	×××喷灌工程		$A_{喷}$
		×××喷灌工程		
		……		
	微灌工程	×××微灌工程		$A_{微}$
		×××微灌工程		
		……		

（2）将不同维修养护等级的自流灌区、提水灌区、井灌区和管道灌溉工程、喷灌工程、微灌工程面积乘以查表得到的相应维修养护定额标准，分别得出不同维修养护等级的自流灌区、提水灌区、井灌区和管道灌溉工程、喷灌工程、微灌工程维修养护年均基本经费。

28

（3）查本定额表 2.2.1、表 2.2.2，分别得到自流灌区、提水灌区、井灌区、管道灌溉、喷灌、微灌工程维修养护调整系数。

（4）分别将不同维修养护等级的自流灌区、提水灌区、井灌区和管道灌溉、喷灌、微灌工程维修养护年均基本经费乘以查表得到的相应维修养护调整系数，得出不同维修养护等级的自流灌区、提水灌区、井灌区和管道灌溉、喷灌、微灌工程维修养护年均经费。

县级区域不同维修养护等级的自流灌区、提水灌区、井灌区和高效节水灌溉工程维修养护年均经费可按附表 2 计算。

附表 2　县级区域小型农田水利工程维修养护经费分类分级计算表

分类	分级	定额标准 /〔万元/(万亩·年)〕	年均基本维修养护经费 /万元	分区调整系数 n	年均维修养护经费 /万元
自流灌区	一级	18.96	$P_{自基1}=A_{自1}\times18.96$	查本定额表 2.2.1、表 2.2.2 得到	$P_{自1}=P_{自基1}\times n_{自}$
	二级	19.36	$P_{自基2}=A_{自2}\times19.36$		$P_{自2}=P_{自基2}\times n_{自}$
	三级	20.43	$P_{自基3}=A_{自3}\times20.43$		$P_{自3}=P_{自基3}\times n_{自}$
	四级	22.36	$P_{自基4}=A_{自4}\times22.36$		$P_{自4}=P_{自基4}\times n_{自}$
	五级	25.85	$P_{自基5}=A_{自5}\times25.85$		$P_{自5}=P_{自基5}\times n_{自}$
	六级	30.11	$P_{自基6}=A_{自6}\times30.11$		$P_{自6}=P_{自基6}\times n_{自}$

分类	分级	定额标准 /［万元/ (万亩·年)］	年均基本维修养护经费 /万元	分区调整系数 n	年均维修养护经费 /万元
提水灌区	一级	18.44	$P_{提基1}=A_{提1}\times18.44$		$P_{提1}=P_{提基1}\times n_{提}$
	二级	18.55	$P_{提基2}=A_{提2}\times18.55$		$P_{提2}=P_{提基2}\times n_{提}$
	三级	18.72	$P_{提基3}=A_{提3}\times18.72$		$P_{提3}=P_{提基3}\times n_{提}$
	四级	19.06	$P_{提基4}=A_{提4}\times19.06$		$P_{提4}=P_{提基4}\times n_{提}$
	五级	21.98	$P_{提基5}=A_{提5}\times21.98$		$P_{提5}=P_{提基5}\times n_{提}$
	六级	23.42	$P_{提基6}=A_{提6}\times23.42$		$P_{提6}=P_{提基6}\times n_{提}$
井灌区	一级	16.73	$P_{井基1}=A_{井1}\times16.73$	查本定额表2.2.1、表2.2.2得到	$P_{井1}=P_{井基1}\times n_{井}$
	二级	19.03	$P_{井基2}=A_{井2}\times19.03$		$P_{井2}=P_{井基2}\times n_{井}$
	三级	30.42	$P_{井基3}=A_{井3}\times30.42$		$P_{井3}=P_{井基3}\times n_{井}$
高效节水灌溉工程	管道灌溉工程	28.20	$P_{管基}=A_{管}\times28.20$		$P_{管}=P_{管基}\times n_{管}$
	喷灌工程	25.39	$P_{喷基}=A_{喷}\times25.39$		$P_{喷}=P_{喷基}\times n_{喷}$
	微灌工程	34.40	$P_{微基}=A_{微}\times34.40$		$P_{微}=P_{微基}\times n_{微}$

3. 计算县级区域小型农田水利工程维修养护年均经费

将不同维修养护等级的自流灌区、提水灌区、井灌区和管道灌溉、喷灌、微灌工程维修养护年均经费进行相加，得出县级区域小型农田水利工程维修养护年均经费。县级区域小型农田水利工程维修养护年均经费可用下式计算：

$$P = P_{自1} + P_{自2} + P_{自3} + P_{自4} + P_{自5} + P_{自6} +$$
$$P_{提1} + P_{提2} + P_{提3} + P_{提4} + P_{提5} + P_{提6} +$$
$$P_{井1} + P_{井2} + P_{井3} + P_{管} + P_{喷} + P_{微}$$

三、县级区域小型农田水利工程维修养护经费计算实例

【实例】 长江中下游地区某县现有耕地面积 200 万亩，灌溉面积 108.8 万亩。其中，跨县的某一处 280 万亩大型自流灌区在该县灌溉面积 30 万亩；16 万亩的自流灌区 1 处；1 万～5 万亩（不含 5 万亩）的自流灌区 9 处，面积共 35 万亩；小于 1 万亩的自流灌区 11 处，面积共 7 万亩；8 万亩的提水灌区 1 处（其中含管道灌溉工程面积 1.6 万亩）；1 万～5 万亩（不含 5 万亩）的提水灌区 3 处，面积共 12 万亩（其中含管道灌溉工程面积 1.8 万亩、微灌工程面积 0.5 万亩）；小于 200 亩的井灌区 78 处，面积共 0.8 万亩（其中含喷灌工程面积 0.3 万亩、微灌工程面积 0.1 万亩）。

该县农田水利工程年均维修养护经费 P 由小型农田水利工程年均维修养护经费 $P_{小型}$ 和其他农田水利工程年均维修养护经费 $P_{其他}$ 构成，即

$$P = P_{小型} + P_{其他}$$

1. 计算该县小型农田水利工程年均维修养护经费 $P_{小型}$

该县小型农田水利工程年均维修养护经费包括农田

水利工程中的小（2）型水库工程（10 万 $m^3 \leqslant V <$ 100 万 m^3）、塘坝工程（0.05 万 $m^3 \leqslant V <$ 10 万 m^3）、窖池（蓄水池）工程（$10m^3 \leqslant V <$ $500m^3$）、机井工程、设计流量小于 $1m^3/s$ 的农田渠系工程、设计流量小于 $1m^3/s$ 的农田排水工程以及管道灌溉工程、喷灌工程和微灌工程的年均维修养护经费，根据本定额，不再分工程单项计算，而是根据各类工程的单位灌溉面积综合定额进行计算。具体计算如下：

（1）280 万亩大型自流灌区在该县灌溉面积 30 万亩 1 处：

查表 3.4.1，280 万亩自流灌区维修养护等级为二级；查表 3.4.3，二级的自流灌区维修养护定额标准为 19.36 万元/（万亩·年）；查表 2.2.2，长江中下游地区自流灌区调整系数为 1.05。30 万亩自流灌区年均维修养护经费 $P_{小型1}$：

$$P_{小型1} = 30 \text{ 万亩} \times 19.36 \text{ 万元}/（万亩·年）\times 1.05$$
$$= 609.84 \text{ 万元}$$

（2）16 万亩的自流灌区 1 处：

查表 3.4.1，16 万亩自流灌区维修养护等级为四级；查表 3.4.3，四级的自流灌区维修养护定额标准为 22.36 万元/（万亩·年）；查表 2.2.2，长江中下游地区自流灌区调整系数为 1.05。1 处 16 万亩的自流灌区年

均维修养护经费 $P_{小型2}$：

$$P_{小型2} = 16\ 万亩 \times 22.36\ 万元\ /（万亩 \cdot 年）\times 1.05$$
$$= 375.65\ 万元$$

（3）1 万～5 万亩（不含 5 万亩）的自流灌区 9 处，面积共 35 万亩：

查表 3.4.1，1 万～5 万亩（不含 5 万亩）自流灌区维修养护等级为五级；查表 3.4.3，五级的自流灌区维修养护定额标准为 25.85 万元/（万亩 · 年）；查表 2.2.2，长江中下游地区自流灌区调整系数为 1.05。9 处 1 万～5 万亩的自流灌区年均维修养护经费 $P_{小型3}$：

$$P_{小型3} = 35\ 万亩 \times 25.85\ 万元\ /（万亩 \cdot 年）\times 1.05$$
$$= 949.99\ 万元$$

（4）小于 1 万亩的自流灌区 11 处，面积共 7 万亩：

查表 3.4.1，小于 1 万亩自流灌区维修养护等级为六级；查表 3.4.3，六级的自流灌区维修养护定额标准为 30.11 万元/（万亩 · 年）；查表 2.2.2，长江中下游地区自流灌区调整系数为 1.05。11 处小于 1 万亩的自流灌区年均维修养护经费 $P_{小型4}$：

$$P_{小型4} = 7\ 万亩 \times 30.11\ 万元\ /（万亩 \cdot 年）\times 1.05$$
$$= 221.31\ 万元$$

（5）8 万亩的提水灌区 1 处（其中含管道灌溉工程面积 1.6 万亩）：

除去管道灌溉工程面积 1.6 万亩，剩余共 6.4 万亩。查表 4.4.1，8 万亩提水灌区维修养护等级为三级；查表 4.4.3，三级的提水灌区维修养护定额标准为 18.72 万元/（万亩·年）；查表 2.2.2，长江中下游地区提水灌区调整系数为 0.95。1 处 8 万亩提水灌区年均维修养护经费 $P_{小型5}$：

$$P_{小型5} = 6.4 \text{万亩} \times 18.72 \text{万元} / (\text{万亩·年}) \times 0.95$$
$$= 113.82 \text{万元}$$

（6）1 万~5 万亩（不含 5 万亩）的提水灌区 3 处，面积共 12 万亩（其中含管道灌溉工程面积 1.8 万亩、微灌工程面积 0.5 万亩）：

除去管道灌溉工程面积 1.8 万亩、微灌工程面积 0.5 万亩，剩余共 9.7 万亩。查表 4.4.1，1 万~5 万亩（不含 5 万亩）提水灌区维修养护等级为四级；查表 4.4.3，四级的提水灌区维修养护定额标准为 19.06 万元/（万亩·年）；查表 2.2.2，长江中下游地区提水灌区调整系数为 0.95。3 处 1 万~5 万亩的提水灌区年均维修养护经费 $P_{小型6}$：

$$P_{小型6} = 9.7 \text{万亩} \times 19.06 \text{万元} / (\text{万亩·年}) \times 0.95$$
$$= 175.64 \text{万元}$$

（7）小于 200 亩的井灌区 78 处，面积共 0.8 万亩（其中含喷灌工程面积 0.3 万亩、微灌工程面积 0.1 万亩）：

除去喷灌工程面积 0.3 万亩、微灌工程面积 0.1 万亩，剩余共 0.4 万亩。查表 5.4.1，小于 200 亩井灌区维修养护等级为三级；查表 5.4.3，三级的井灌区维修养护定额标准为 30.42 万元/（万亩·年）；查表 2.2.2，长江中下游地区井灌区调整系数为 0.9。78 处小于 200 亩的井灌区年均维修养护经费 $P_{小型7}$：

$$P_{小型7} = 0.4 \, 万亩 \times 30.42 \, 万元/（万亩·年）\times 0.9$$
$$= 10.95 \, 万元$$

（8）管道灌溉工程面积 3.4 万亩：

查表 6.1.5，管道灌溉工程维修养护定额标准为 28.20 万元/（万亩·年）；查表 2.2.2，长江中下游地区管道灌溉工程调整系数为 0.95。3.4 万亩管道灌溉工程年均维修养护经费 $P_{小型8}$：

$$P_{小型8} = 3.4 \, 万亩 \times 28.20 \, 万元/（万亩·年）\times 0.95$$
$$= 91.09 \, 万元$$

（9）喷灌工程面积 0.3 万亩：

查表 6.2.4，喷灌工程维修养护定额标准为 25.39 万元/（万亩·年）；查表 2.2.2，长江中下游地区喷灌工程调整系数为 1.05。0.3 万亩喷灌工程年均维修养护经费 $P_{小型9}$：

$$P_{小型9} = 0.3 \, 万亩 \times 25.39 \, 万元/（万亩·年）\times 1.05$$
$$= 8.00 \, 万元$$

（10）微灌工程面积 0.6 万亩：

查表 6.3.4，微灌工程维修养护定额标准为 34.40 万元/（万亩·年）；查表 2.2.2，长江中下游地区微灌工程调整系数为 1.0。0.6 万亩微灌工程年均维修养护经费 $P_{小型10}$：

$$P_{小型10} = 0.6 万亩 \times 34.40 万元/（万亩·年）\times 1.0$$
$$= 20.64 万元$$

（11）该县小型农田水利工程年均维修养护经费 $P_{小型}$：

$$P_{小型} = P_{小型1} + P_{小型2} + P_{小型3} + P_{小型4} + P_{小型5} +$$
$$P_{小型6} + P_{小型7} + P_{小型8} + P_{小型9} + P_{小型10}$$
$$= 2576.93 万元$$

2. 计算该县其他农田水利工程年均维修养护经费 $P_{其他}$

该县其他农田水利工程年均维修养护经费包括农田水利工程中的水闸工程、泵站工程、小（1）型及以上水库工程、滚水坝工程、设计流量不小于 $1m^3/s$ 的骨干渠道及建筑物工程、设计流量不小于 $1m^3/s$ 的骨干排水及建筑物工程等的年均维修养护经费，具体计算按水利部、财政部于 2004 年发布的《水利工程维修养护定额标准（试点）》的规定进行。

3. 该县农田水利工程年均维修养护经费 P

$$P = P_{小型} + P_{其他} = 2576.93 万元 + P_{其他}$$